日常生活篇

哇，科学有故事！

味道的故事

［韩］金恩河 / 文 ［韩］尹正珠 / 绘 千太阳 / 译

人民东方出版传媒
People's Oriental Publishing & Media
東方出版社
The Oriental Press

变质的羊奶还能喝吗?
游牧民

怎样才能长期保存食物，
还不让它变质呢？
阿佩尔

用盐腌制萝卜后是否
可以保存更久？
泽庵宗彭

目录

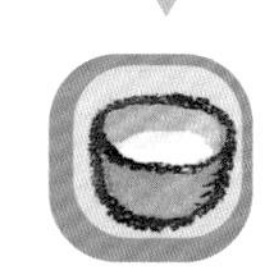

我们游牧民居无定所，游动放牧是我们的生活。我们很喜欢喝羊奶，所以常常把羊奶放在皮囊中随身携带。直到有一次，我们发现羊奶变质了，但味道却意外地好。

数千年前，在土耳其高原上生活着游牧民家族。为了在寒冷干旱的地区解决家畜们的食物问题，每隔几个月他们就要更换一次居所。有一次，他们像往常一样寻找草场，但一直没有找到满意的地方。每当夜幕降临，他们就搭好帐篷进去休息，等天亮后再继续寻找草场。每天清晨，爸爸都会将整理好的行李放在骆驼背上，而妈妈则把当天挤好的新鲜羊奶装进皮囊里。

“皮囊不仅密封性好，而且非常结实，不用担心会摔碎，很适合赶路时携带。”

有一天，他们一家人在赶路的途中停下来休息。这时，小男孩把皮囊递到妈妈面前说：“妈妈，这个羊奶的味道好奇怪。”

妈妈看到皮囊后顿时大惊失色。因为那里面是她好几天前装上的羊奶，忘记倒掉了。此时的羊奶散发着酸酸的味道，还一团团地凝固在一起。

“呀，看来是变质了。你怎么能喝这个呢？”

“我又渴又饿，一时没忍住就……”

妈妈的心里七上八下，生怕孩子喝坏了肚子。

然而，妈妈的担心是多余的。孩子的身体没有出现任何不适。

“妈妈，我感觉这个味道似乎还不错呢。”

听了孩子的话，妈妈忍不住尝了一口“变质”的羊奶。羊奶虽然变得黏稠，带着一股酸味，但细细品尝又会发现别有一番风味。

从那时起，即使皮囊中的羊奶放置时间稍长，他们也不会扔掉，而是选择继续喝。喝的次数多了，他们慢慢熟悉了那种味道。以至于比起刚挤出来的新鲜羊奶，他们更喜欢“变质”的羊奶。

羊奶之所以变得又软又滑，还带有酸味，是因为它发酵了。动物的体内原本就含有乳酸菌，它们残留在鲜奶中，遇到适当的温度和环境，就会开始活跃起来。

“既然是羊奶变酸后形成的食物，我们不如就叫它‘酸奶’吧。”

原本只懂得食用天然发酵酸奶的人们，渐渐摸索出制作酸奶的方法。他们尝试对羊奶加热，找出了最适合发酵的温度。另外，他们发现只要加入一点儿之前制作好的酸奶，就能加快发酵的过程。

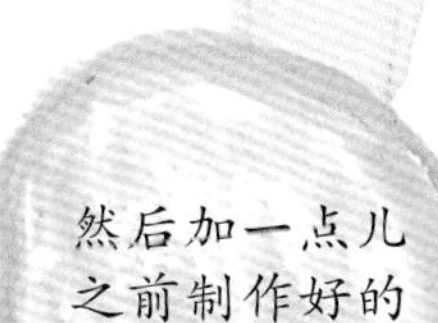

酸奶是在奥斯曼帝国时期传入欧洲的。

当时，法国的国王弗朗索瓦一世被腹泻折磨得死去活来，奥斯曼帝国的君主苏丹得知这个消息后，派自己的御医过去诊断。这位医生给弗朗索瓦一世制作了酸奶。喝完酸奶后，弗朗索瓦一世的腹泻居然奇迹般地痊愈了。从那时起，法国开始流行喝酸奶。

“听说这是国王享用的食物。”

“酸酸的，真好喝。”

后来，通过俄罗斯科学家米奇尼科夫的研究，酸奶一举成为众所周知的健康食品。

“长寿的秘密在于酸奶中的乳酸菌。”

“乳酸菌可以抑制坏细菌在大肠中分泌毒素。”

酸奶等发酵食物不仅有助于消化，还可以保养肠道。最重要的是，它还有非常出色的抗癌效果。

发酵食物之所以拥有如此多的功效，是因为微生物在发酵的过程中会不断制造出新的物质。

食物腐烂后就无法食用了。食物腐烂是指腐败微生物分解食品中的有机成分，从而生成有害物质的过程。不过，有些微生物在分解有机物时，会产生有益的成分。这种现象，我们称为“发酵”。人们利用发酵的原理制作出了各种各样的美食。

用明串珠菌发酵，让泡菜变得更美味。

用枯草芽孢杆菌发酵，让大酱变得更浓厚香醇。

用酵母菌发酵，让面包变得更蓬松。

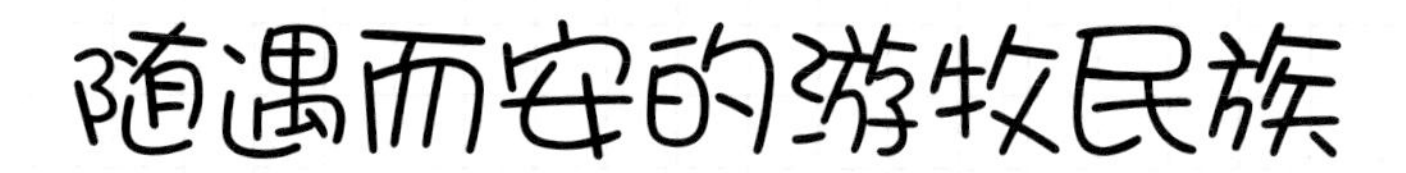

随遇而安的游牧民族

在很久以前，西亚、中亚和非洲北部等地的居民们就开始发展畜牧业。由于这些地区降雨少、土地贫瘠，不适合发展农耕业，所以他们只能通过饲养家畜来维持生计。另外，同一块草地并非一年四季都很茂盛，所以他们不得不过上根据季节更换住所的游牧生活。

因为游牧民族一直居无定所，所以他们的生活方式与定居民族有着很大的不同。例如，他们会居住在便于移动的帐篷里。另外，放牧需要非常广阔的土地。因此，游牧民们并不会选择聚在一起形成村落，而是以家族为单位分开生活。

游牧民们会从家畜身上获取生活所需要的大多数物资。例如，家畜的奶是很容易获得的食物，他们会用它来发酵，制作成酸奶、奶酪等乳制品；吃掉家畜的肉之后，他们会用家畜的皮毛制成衣服或帐篷等物品；他们会将家畜的粪便晒干后当作燃料使用；另外，需要做长距离移动时，他们会把马、骆驼等家畜作为交通工具。

蒙古游牧民的家畜和蒙古包

阿佩尔叔叔，

有什么办法可以防止食物变质呢？

法国皇帝拿破仑经常为士兵们的食物变质问题感到头痛。于是，我利用玻璃瓶发明出可以长久保存食物的玻璃瓶罐头。自从有了我的发明，士兵们再也不用担心食物容易变质的问题了。

19 世纪，法国的拿破仑经常率领军队与其他国家开战，士兵们的粮食补给成了一大难题。粮食补给一旦被耽搁，士兵们就要挨饿；但如果食物送得太早，又会面临变质的问题。另外，如果长期没有补充新鲜食物，士兵们的身体状况会一天不如一天。

“有没有一种可以长期保存食物的方法呢？”

拿破仑发布悬赏布告，声称谁能解决这个问题，就奖励他一大笔钱。

法国食品商人尼古拉·阿佩尔，经营着一家面包店和一个小型葡萄酒酿造厂。他看到悬赏布告后，决定利用自己的经验，尝试挑战这个任务。

经过反复研究，阿佩尔终于找到一种利用玻璃瓶保存食物的方法——先将食物放进玻璃瓶中，再把瓶子放入沸腾的水中进行消毒，然后抽走里面的空气进行密封。在密封瓶子时，他先用软木塞塞住瓶口，再用蜡油将瓶塞与瓶口之间的缝隙封起来。这种方法后来被称为“罐藏法”。

阿佩尔想出来的方法，其实就是隔绝一些会让食物变质的微生物。即先通过加热的方式杀死瓶内食物中的微生物，再封住瓶口，从而阻止瓶外的微生物进入。

然而，阿佩尔并不清楚罐藏法保存食物的原理。他只单纯地觉得是空气导致了食物变质，所以想办法阻止食物接触到空气。

“食物变质的原因应该就在于空气，要不然就是空气中的氧气。”

自从有了玻璃瓶罐头之后，军粮的补给变得异常简单。

因为食物可以长期保存，所以只要挑选合适的时间配送过去就可以了。另外，因食物变质而扔掉的情况减少，所以粮食损耗也降低了不少。

玻璃瓶罐头的出现，还为那些因为长期战争而缺粮的法国国民提供了很大的帮助。

“可以在休战期间提前接收粮食，可真方便啊。”

“一想到以前为了接收军粮而在枪林弹雨中钻来钻去……哎，不提也罢！”

自从使用玻璃瓶罐头之后，士兵们还缩短了准备食物的时间。

因为他们只要将罐头放入沸水中加热就能食用，甚至着急时掀开盖子直接食用。由于不需要动手做饭，他们没必要随身带着厨具，这就使得他们的负重大大减少，军队的行军速度比之前快了不少。

另外，海军士兵们需要长期生活在海上，以前经常会因缺乏维生素 C 而得坏血病，自从玻璃瓶罐头面世后，这个问题很快就得到了解决。

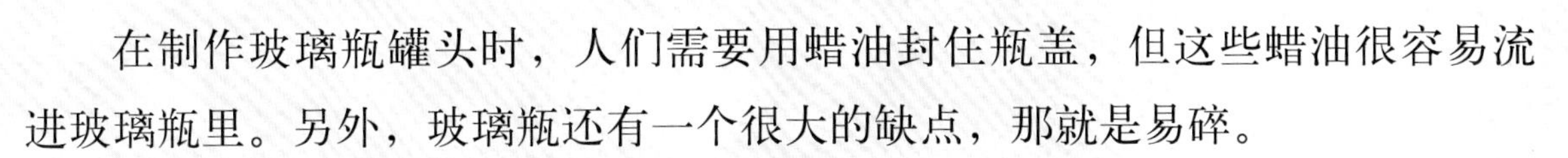

在制作玻璃瓶罐头时，人们需要用蜡油封住瓶盖，但这些蜡油很容易流进玻璃瓶里。另外，玻璃瓶还有一个很大的缺点，那就是易碎。

而解决这些问题的人是一位来自英国的金属材料工程师——彼得·杜伦。杜伦工作非常繁忙，经常会用玻璃瓶罐头解决午餐问题。有一天，他将瓶子里的食物放进饭盒里加热时，突然生出了一个想法："如果用铁皮罐来代替玻璃瓶保存食物，会怎样呢？"

最终，杜伦想出了用不易开盖的金属容器保存食物的方法。他将镀锡铁片卷成圆筒状，然后用烙铁将金属片焊接在一起进行密封。用这种方法制作出来的金属罐头，不仅能起到与玻璃瓶罐头一样的贮藏效果，而且比玻璃瓶罐头更轻便、结实。

杜伦将这个方法申请了专利。英国的一家公司购买了他的专利之后，在伦敦建造了世界上第一家金属罐头工厂。

“再也不用担心金属罐头会像玻璃瓶罐头一样易碎了。”

“天冷的时候可以直接放在暖炉上加热。”

“罐头中再也不会流入蜡油了。”

金属罐头不但可以长期保存，还便于携带，所以深受军人、探险者的喜爱。

不过，在密封罐头时会用到锡焊，所以偶尔会发生铅中毒的事件。另外，金属罐头还曾引发过肉毒杆菌中毒事件，这是因为没有经过严格杀菌的罐头中有肉毒杆菌残留。

如今，罐头制作过程中的杀菌工序会彻底清除食物中的有害微生物，而且锡焊技术也已经被明令禁止在罐头加工中使用了。

自从罐头在第一次世界大战中被当作军粮使用后，罐头的种类也变得丰富起来。为了迎合来自五湖四海的士兵的不同口味，罐头公司将各个地区的特产美食都开发成罐头。据说，第二次世界大战时，三分之二的同盟军军粮都是罐头。

“今天会是什么罐头？”

继罐头之后，人们还研制出真空袋装食品。这是一种装在薄薄的塑料袋或铝袋里的食物，只要放在热水中加热就可以立即食用。

罐头起初是作为军事物资被开发出来的，而如今已经成为日常生活中很常见的一种食品。

水果和蔬菜都有特定的收获时节，很多鱼类也只能在某些特定的时间才能捕捞上来。如果将这些食材加工成罐头，我们就能随时随地享用它们了。

如今，水果、蔬菜、海鲜、肉类等食物，大部分都可以制成罐头。

罐藏法

罐藏法是为了长期保存食物而研发出来的包装方法。这种方法隔绝空气，再加上杀菌处理，所以可以长期贮存食物。阿佩尔发明的玻璃瓶罐头和后来的金属罐头、利乐包、蒸煮袋等都是通过这种原理制作出来的。

先杀菌再进行密封，食物可以保存很长时间。

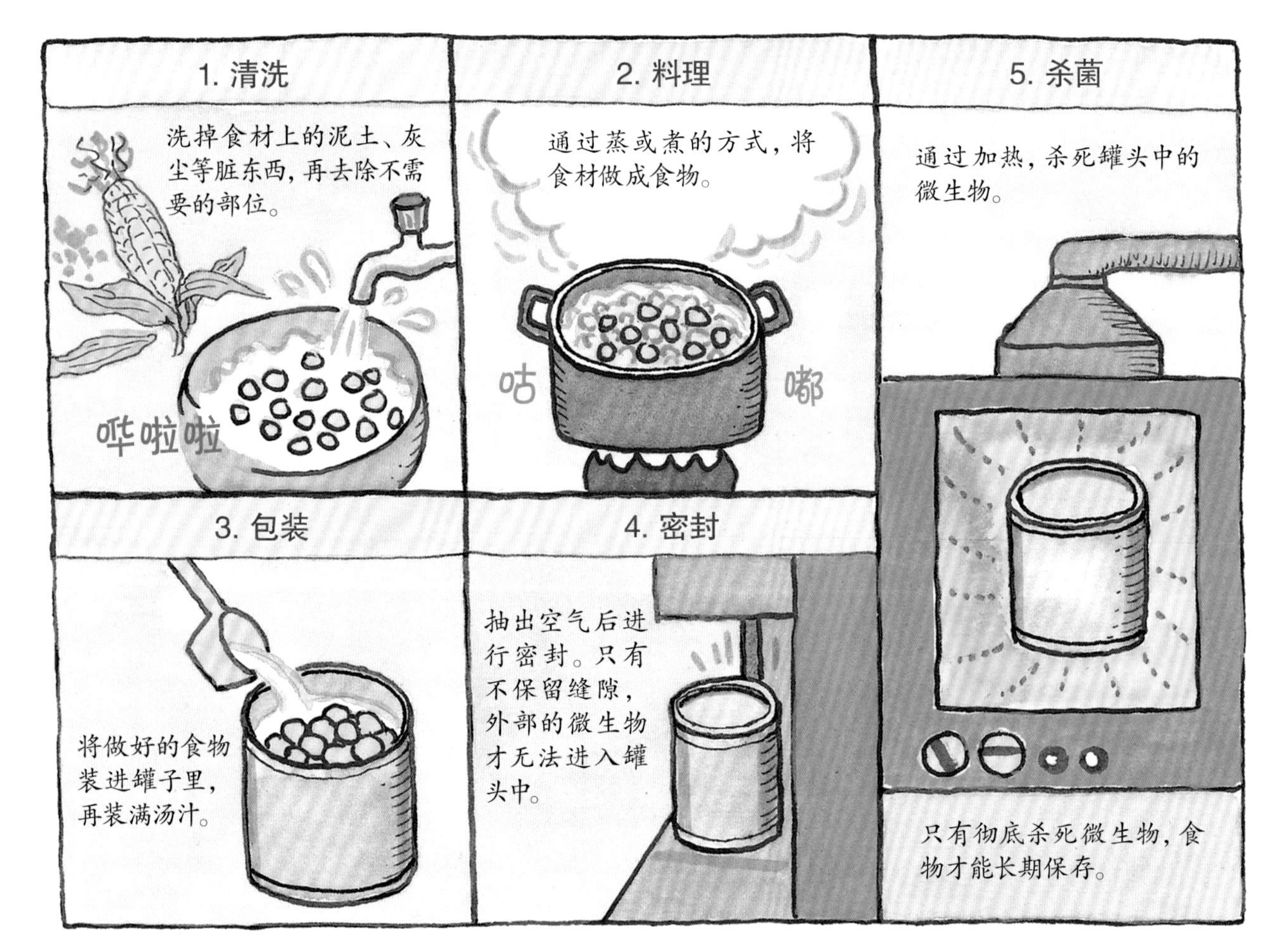

由于是用新鲜食材加工的，所以食物的营养很丰富。

选用适合加热、杀菌、密封的容器。

打胜仗的秘诀——军粮

军人们在战场上食用的食物，我们称为“军粮”。阿佩尔发明的玻璃瓶罐头也属于军粮。事实上，很早以前军人们就已经开始食用特制的军粮了。

曾在成吉思汗的率领下征服大半个世界的蒙古军就是一个很好的例子。在战争期间，士兵们会将家畜的肉晒制成肉干，然后研磨成粉末，作为军粮携带在身上，等肚子饿时用热水泡开食用。正是因为蒙古军拥有强壮的马匹和作为军粮的肉干，他们才能征服那么广阔的领土。另外，还有传闻说蒙古军曾在头盔中倒上开水，再将羊肉焯一下食用，就是火锅的由来。

在大航海时代，欧洲的海军主要以烘干的饼干作为军粮。这种饼干即使放置很长时间也不会变质，所以非常适合长期在海上航行的海军。不过，由于这种饼干太硬且没有味道，所以海军士兵们都非常讨厌吃。

自从阿佩尔发明了玻璃瓶罐头后，军粮的发展就变得极为迅速。例如，根据士兵们一天的饭量定制的军粮套餐，在第二次世界大战中被广泛使用。

如今，科学家甚至还发明出只要一拉绳子，袋子里的食物就能自动加热的军粮。

现代军粮

腌萝卜是用萝卜腌制而成的一种简单的食物。我曾在寺院里尝试制作过腌萝卜。它的制作过程很简单，很受人们的喜爱。在日本，人们根据我的名字将腌萝卜命名为“泽庵”。

17 世纪初期，日本有一位名叫泽庵宗彭的大师。

当时统治日本的德川家光经常资助佛教。有一天，德川家光来找泽庵宗彭大师，他们聊着聊着就到了午餐时间。这时，一位弟子担忧地告诉泽庵宗彭大师，寺庙里似乎没有什么能拿得出手的食物可以用来招待德川家光。然而，大师泰然自若地说："将我们平时吃的东西拿上来就可以了。"

片刻后，他的弟子将饭桌端了上来。不过，饭桌上只有米饭和腌萝卜。

意想不到的是，咬了一口腌萝卜后，德川家光的表情一下子亮了起来。他没想到看似普通的萝卜居然会这么好吃。

“它不仅保留了萝卜原有的味道，还增添了清脆的口感。请问大师，这道菜的名字是什么？”

“只不过是普通的腌萝卜而已，哪里有什么名字可言。”泽庵宗彭大师不以为然地笑着回答。

当时在日本，腌菜是一种非常普遍的食物。新鲜的蔬菜无法长期保存，但若是用食盐或大酱等调料进行腌制，却可以保存下来长期食用。经过食盐腌制后，蔬菜会因渗透作用而流失水分，从而使腐败菌无法繁殖，甚至被消灭。

“色泽鲜艳、口感爽脆的腌萝卜到底是怎么做出来的？”德川家光一脸好奇地问道。

“它与普通腌菜的唯一区别就在于使用了米糠。正是因为被米糠水浸泡过，所以它才会呈现出这种黄色。”

“如此好吃的食物竟然没有名字！以后就用大师的名字来称呼它好了。”用完餐后，德川家光一脸满足地说。

回到宫殿后，德川家光也经常命人做这种腌萝卜。每当想吃脆脆的腌萝卜时，德川家光都会这样说：“快把泽庵给我端上来！”

不仅德川家光爱吃腌萝卜，日本的百姓们也很喜欢吃。

直到现在，腌萝卜也是备受大家喜爱的日本最具代表性的腌菜之一。

“一想到是贵人们常吃的食物，顿时觉得更好吃了。”

在韩国，人们将这种略带甜味的腌菜称为“甜腌萝卜”。

即使是现在，日本人也经常制作各种腌菜，而韩国的辣白菜最初也是源于腌菜。虽然现在批量生产腌萝卜的方法与传统方法存在很大的区别，但它们都利用了渗透作用的原理。

科学知识

腌制

当腌制蔬菜时，蔬菜内部的水分会因渗透作用而排出去，从而使得蔬菜逐渐失水变软。渗透作用是指水分子从浓度低的溶液流向浓度高的溶液的现象。在制作辣白菜时，白菜经过食盐腌制发蔫就是因为白菜叶细胞中的水分流向了细胞外。

利用食盐腌制鱼露。

利用白糖腌制果酱。

利用食醋腌制腌菜。

韩国和日本的腌制食物

韩国人和日本人都喜欢以大米饭作为主食，两国种植的农作物种类大同小异，所以在饮食方面存在很多相似之处。不过，他们根据各自的地理环境发展出略微不同的饮食文化。

酱菜是韩国人非常喜欢的小菜之一。酱菜是指一种将蔬菜放在酱油、大酱、辣椒酱中腌制的食物。它的好处是能够长期保存，让人吃到反季节蔬菜。日本也有着与韩国酱菜相似的食物，名叫“渍物”。

韩国的大酱和日本的味噌既相似又不同。韩国的大酱是将黄豆煮过后，经过长时间发酵制作出来的。大酱不仅香味醇厚，咸味也很重。至于日本的味噌，则是除了最主要的黄豆之外，还加入了大米、小麦、面粉等其他食材一起发酵而成，与大酱相比，味道更甜。

除了经过长时间发酵制作出来的大酱之外，韩国人还非常喜欢吃清国酱。清国酱是把煮熟的黄豆放在暖和的炕头上发酵 2 ~ 3 天制作而成。日本也有与清国酱相似的纳豆。纳豆同样由黄豆发酵而来，发酵好的纳豆中会产生黏黏的丝状物。

由黄豆发酵制作的日本纳豆

科学技术会促进食品产业的发展

从很久以前开始，人们就懂得利用发酵或渗透作用等科学方法，制作出各种各样的美味食物。而到了现在，科学家们依然在利用科技开发新的食物。

可以在失重状态下食用的太空食品

在太空的失重环境中，物品都会飘浮起来，所以人们根本无法烹饪食物。于是，人们只能将做好的食物迅速冷冻，然后用特殊的烘干机将其烘干。当需要食用时，人们只要往装有这种脱水食物的袋子里倒入滚烫的热水，食物就会迅速恢复到之前的状态。之后，宇航员将袋子的一角剪开，再用嘴咬住缺口，最后用手把食物挤进嘴里就可以了。

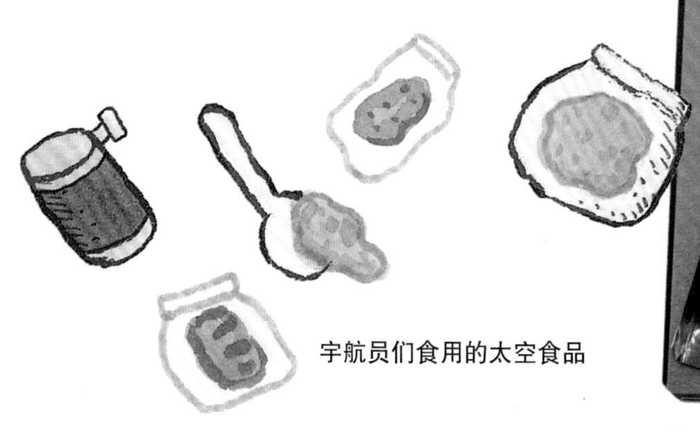

宇航员们食用的太空食品

转基因农作物

人们可以修改生物的基因，从而创造出新的农作物品种。这样的农作物品种对于病虫害有很强的抵抗力，因此能在一定程度上提高产量。不过，这种转基因农作物也引发了一些争论。有人认为转基因食品对人体有害，有可能会引发新的疾病。另外，也有一些人担心转基因农作物导致新的杂草和虫子出现，从而令生态系统遭到破坏。

转基因花豆

通过改良种子得到的农作物

科学家将原有的农作物杂交，从而培育出新的农作物品种。例如，高产的农作物、对害虫有很强抵抗力的农作物、减少农药用量也能很好生长的农作物，等等。另外，也能通过牛和猪等家畜的交配培养出对疾病有更强抵抗力的新品种。对于一些食物缺乏的地区来说，这些经过选育的农作物和家畜所带来的帮助是极为关键的。

通过改良种子培育出来的玉米

无须饲养家畜就可以得到的试管肉

试管肉是提取动物肌肉细胞后，在实验室中培育出来的一种鲜肉。这种方法可以让我们免去直接饲养牛、猪、鸡等家畜的过程。如果试管肉得到普及，我们就可以将用来饲养家畜的农作物节省下来。2013 年，市面上还出现过用试管肉制作的汉堡。不过，试管肉目前还处于研究阶段，所以安全性还有待验证。

用试管肉制作的汉堡

图字：01-2019-6048

图书在版编目（CIP）数据

味道的故事 /（韩）金恩河文；（韩）尹正珠绘；千太阳译 . — 北京 ：东方出版社，2021.4
（哇，科学有故事！. 第三辑，日常生活 · 尖端科技）
ISBN 978-7-5207-1483-9

Ⅰ . ①味… Ⅱ . ①金… ②尹… ③千… Ⅲ . ①食品保鲜－青少年读物 Ⅳ . ① TS205-49

中国版本图书馆 CIP 数据核字（2020）第 038638 号

哇，科学有故事！日常生活篇 · 味道的故事
（WA，KEXUE YOU GUSHI! RICHANG SHENGHUOPIAN · WEIDAO DE GUSHI）
作　　者：［韩］金恩河 / 文　［韩］尹正珠 / 绘
译　　者：千太阳

策划编辑：鲁艳芳　杨朝霞
责任编辑：金　琪　杨朝霞
出　　版：東方出版社
发　　行：人民东方出版传媒有限公司
地　　址：北京市西城区北三环中路6号
邮　　编：100120
印　　刷：北京彩和坊印刷有限公司
版　　次：2021年4月第1版
印　　次：2021年4月北京第1次印刷
开　　本：820毫米 × 950毫米　1/12
印　　张：4
字　　数：20千字
书　　号：ISBN 978-7-5207-1483-9
定　　价：218.00元（全9册）
发行电话：（010）85924663　85924644　85924641

文字　［韩］金恩河

长期从事儿童图书的策划和编写工作，认为认真思考并将书中的知识吸收为自己的东西远比简单地去了解各种知识更重要。主要作品有《月见草为什么只在夜里绽放》《熊熊——火在燃烧》《云彩中的花园——走在智力山上》《朝宇宙发射》等。

插图　［韩］尹正珠

大学时期专攻西方画，现在主要给各种不同领域的儿童图书画各种有趣的插图。主要作品有《我要拉黄金便便》《妍儿家迎新春》《幼虫吃掉了幼虫》《我喜欢老师》等。

审编　［韩］李正模

毕业于延世大学生物化学专业，后考入德国波恩大学学习化学。毕业后担任安阳大学教养专业的教授，现为西大门自然史博物馆的馆长。主要作品有《给基因颁发专利》《日历和权力》《希腊罗马神话科学》等。主要译作有《人类简史》《魔法的熔炉》等。

哇，科学有故事！（全 33 册）

生命篇

01 动植物的故事——一切都生机勃勃的
02 动物行为的故事——与人有什么不同？
03 身体的故事——高效运转的“机器”
04 微生物的故事——即使小也很有力气
05 遗传的故事——家人长相相似的秘密
06 恐龙的故事——远古时代的霸主
07 进化的故事——化石告诉我们的秘密

地球篇

08 大地的故事——脚下的土地经历过什么？
09 地形的故事——隆起，风化，侵蚀，堆积，搬运
10 天气的故事——为什么天气每天发生变化？
11 环境的故事——不是别人的事情

宇宙篇

12 地球和月球的故事——每天都在转动
13 宇宙的故事——夜空中隐藏的秘密
14 宇宙旅行的故事——虽然远，依然可以到达

物理篇

15 热的故事——热气腾腾
16 能量的故事——来自哪里，要去哪里
17 光的故事——在黑暗中照亮一切
18 电的故事——噼里啪啦中的危险
19 磁铁的故事——吸引无处不在
20 引力的故事——难以摆脱的力量

化学篇

21 物质的故事——万物的组成
22 气体的故事——因为看不见，所以更好奇
23 化合物的故事——各种东西混合在一起
24 酸和碱的故事——水火不相容

解决问题

日常生活篇

25 味道的故事——口水咕咚
26 装扮的故事——打扮自己的秘诀

尖端科技篇

27 医疗的故事——有没有无痛手术？
28 测量的故事——丈量世界的方法
29 移动的故事——越来越快
30 透镜的故事——凹凸里面的学问
31 记录的故事——能记录到1秒
32 通信的故事——插上翅膀的消息
33 机器人的故事——什么都能做到

扫一扫
看视频，学科学